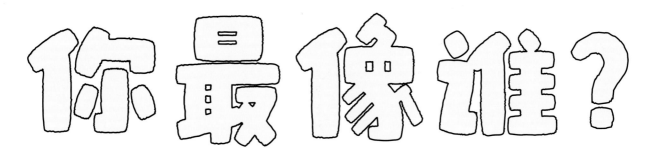

奇妙的遗传 趣味生物学大揭秘

你最像谁？

红红罗卜 著/绘

电子工业出版社
Publishing House of Electronics Industry
北京·BEIJING

全家福大揭秘

快看看这些全家福，谁和谁长得最像呢？

你像谁?

我们身上有很多特征,你知道这些特征都像谁吗?

我的眼睛像妈妈,耳朵像爸爸!

我的嘴巴和爸爸的嘴巴一模一样!

我想像爸爸一样高!

像妈妈,更漂亮!

像爸爸,力气大!

······

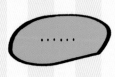

唉!这孩子,像他爸,不爱吭声!

妈妈说我像只淘气的小猴子！

我的长相像爸爸，性格像妈妈！

我和爸爸一样，皮肤黑黑的！

他们说我像舅舅！

我到底像谁呢？

我像我自己！

我也不知道自己像谁，爸爸妈妈都是双眼皮，而我是单眼皮……

一目了然的脸

像谁、不像谁，我们的脸上就有答案。先仔细观察一下爸爸妈妈的脸吧!

眉毛
八字眉、柳叶眉、新月眉、大刀眉……小小的两条眉毛，形状可真多啊!

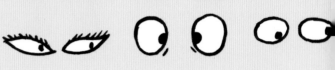

肤色
肤色是黝黑的，还是白皙的?

鼻子
鼻子像蒜头一样圆还是像小山一样高? 正面看不出，那就看看侧面呗!

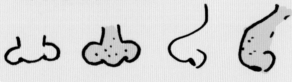

嘴唇
嘘，先别说话! 仔细观察一下嘴唇的形状、大小和厚度吧!

眼睛

除了观察眼睛的大小、形状，还可以看看双眼之间的距离！另外，眼睛下面有没有卧蚕，眼皮是双眼皮还是单眼皮，这些特征都可以观察一下哦！

头发

头发黑不黑，密不密？是羊毛般的卷头发，还是钢丝般的直头发？

脸型

鹅蛋脸

下巴有沟的脸

上窄下宽的脸

比萨脸

方脸

瓜子脸

耳朵

可以看耳朵的轮廓、大小，以及长短。

东翻西找有发现

除了脸部，也可以仔细看看我们身体的其他地方，也许会有意外的发现！

发际线

发际线是高还是低？妈妈的"美人尖"你也有吗？

去找找他年轻时候的照片吧！

耳垂

有没有肉嘟嘟的耳垂？

发旋

爸爸有几个发旋？你呢？方向是顺时针的，还是逆时针的？

爸爸的耳垂真的好有弹性！

达尔文结节

耳轮上的一个小凸起。

酒窝和梨涡

舌头

伸出舌头试一试，两边可以卷起来吗？看看爸爸妈妈能不能做到！

说到卷舌头，你的舌头是不知所措，还是轻松卷起呢？

拇指

举起你的拇指，此时拇指是竖直的还是内弯的？这样的拇指像谁呢？

食指和无名指

比一比，你的食指和无名指谁更长？爸爸妈妈和你一样吗？

瓣状甲

如果你有分成两瓣的小脚指甲，赶紧去看看家人有没有吧！

告诉你一个秘密，我的小脚指甲很特别哦！

似曾相识的小习惯

细心观察，我们的动作、习惯，会不会也和爸爸妈妈有些相似？这可能不是模仿哦！

惯用手

你习惯多用左手，还是右手呢？

我和爸爸都是左撇子！

左在上？右在上？

试一试这几个动作！将手臂交叉抱在胸前，看看是左臂在上还是右臂在上？将十指交叉相握，看看是左拇指在上还是右拇指在上？把双腿叠在一起，看看是左腿在上还是右腿在上？

你们父子俩怎么老是跷二郎腿？这可不是个好习惯！

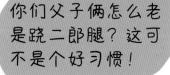

面部表情

有时候，也许你会不自觉地做出和爸爸妈妈相似的表情。

磨牙，打鼾

和爸爸妈妈比一比，谁睡觉的时候更吵？

看不见的秘密

我们的身体里藏着许多小秘密，只要稍加关注，你就会发现爸爸妈妈的小秘密和我们的非常相近！

血型

人的血型有许多种，比如A型、B型、AB型、O型……

耳屎

不妨问问爸爸妈妈，他们的耳屎是干耳屎还是湿耳屎？再掏一掏自己的耳朵感觉一下吧！

狐臭

你的腋下是否有一股臭臭的味道？像谁呢？

免疫力
你会动不动就感冒吗？

我们一家都很健壮！

视力
你的爸爸妈妈都是高度近视吗？那你可要小心了！

过敏
要是爸爸妈妈对某样东西过敏，那你可能也需要远离它！

早说了，我们家不能养小动物……阿嚏！

妈妈，我捡到了一只小猫……阿嚏！

另外，我们还有一些看不见、摸不着的特点，它们会不会
也跟爸爸妈妈的一样呢？

性格

平时的你是外向还是内
向，胆大还是胆小，爱笑
还是爱哭？

智慧

你擅长合作吗？做事专注吗？会经常冒出新点子吗？

才能

好好挖掘一下，说不定你也有不错的天赋！

长大以后才知道

现在和爸爸妈妈并不像的特征，说不定长大之后……

身高
你的身高和爸爸妈妈有很大关系，预测一下你将来能长多高吧！

也就是说，我不会一直是个小个子！

可是我现在就很胖呀！

因为你吃得太多了！

体形
猜猜看，图中的小朋友将来是像爸爸一样胖胖的，还是像妈妈一样苗条呢？

体毛

体毛包括头发、眉毛和汗毛等。对了，男生长大后还会长胡子呢！

我可不想变成爸爸那样的"地中海"！

八字胡

络腮胡

O 形胡

W 形胡

寿命

至于是否和爷爷一样长寿，这个可能要等到很久很久以后才知道答案了。

遗传密码——基因

我们和父母有这么多相似的地方，都是因为他们将基因遗传给了我们。小小的基因有大大的作用哦！

染色体

基因住在我们细胞的染色体里。染色体成对存在，它们聚集在细胞核中。每个人正常的体细胞中有 23 对染色体。

染色体

细胞

细胞核

我可不是一个乱糟糟的 X 形毛线球！我是一条染色体！

你是一个光荣而伟大的"毛线球"。

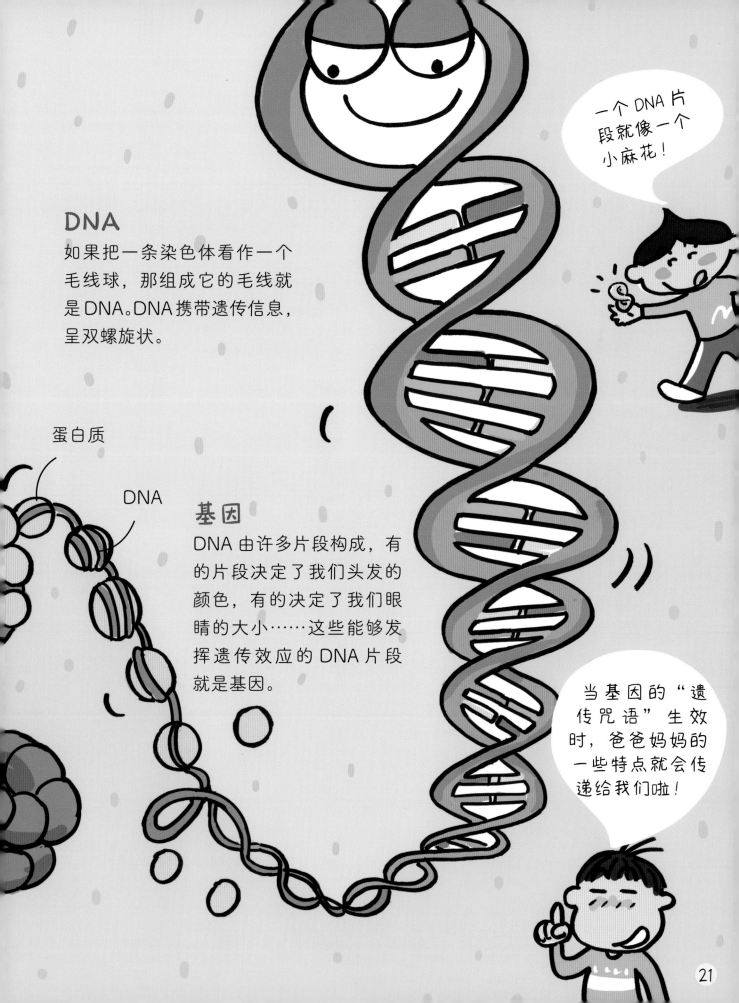

DNA

如果把一条染色体看作一个毛线球，那组成它的毛线就是DNA。DNA携带遗传信息，呈双螺旋状。

蛋白质

DNA

基因

DNA 由许多片段构成，有的片段决定了我们头发的颜色，有的决定了我们眼睛的大小……这些能够发挥遗传效应的 DNA 片段就是基因。

一个 DNA 片段就像一个小麻花！

当基因的"遗传咒语"生效时，爸爸妈妈的一些特点就会传递给我们啦！

基因的奇幻旅行

基因是怎么从爸爸妈妈身上传递给我们的呢？

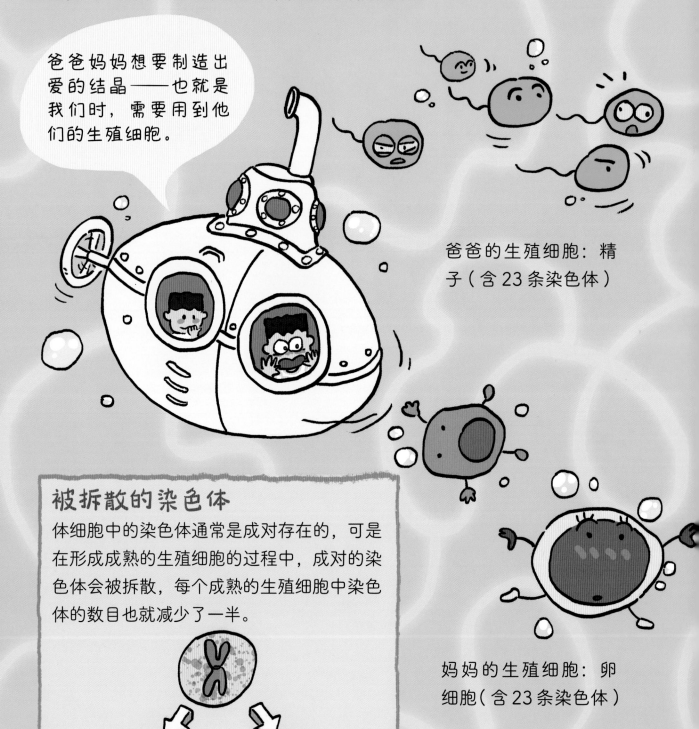

爸爸妈妈想要制造出爱的结晶——也就是我们时，需要用到他们的生殖细胞。

爸爸的生殖细胞：精子（含 23 条染色体）

妈妈的生殖细胞：卵细胞（含 23 条染色体）

被拆散的染色体

体细胞中的染色体通常是成对存在的，可是在形成成熟的生殖细胞的过程中，成对的染色体会被拆散，每个成熟的生殖细胞中染色体的数目也就减少了一半。

形成受精卵

爸爸妈妈的生殖细胞结合后，
就会形成受精卵——没错，
这就是你的最初形态！

这样，爸爸妈妈
的基因就传递到
我们的身上啦！

受精卵（含 23 对染色体）

爸爸妈妈各占一半

我们每个人的基因，一半来
自爸爸，一半来自妈妈。

我们为什么是男孩或者女孩？这由谁决定？

是爸爸妈妈商量好的吗？

是我在妈妈肚子里许愿后的结果吗？

性染色体

在我们拥有的 23 对染色体中，有一对被称为性染色体，是它决定了我们的性别。

女性的性染色体：由两条 X 染色体组成

男性的性染色体：由一条 X 染色体和一条 Y 染色体组成

随机结合

在我们身体里的任意一对性染色体中，一条来自妈妈，它是 X 染色体；另一条来自爸爸，它可能是 X 染色体，也可能是 Y 染色体。

所以，爸爸传给我们的性染色体是 X 染色体还是 Y 染色体，决定了我们的性别。

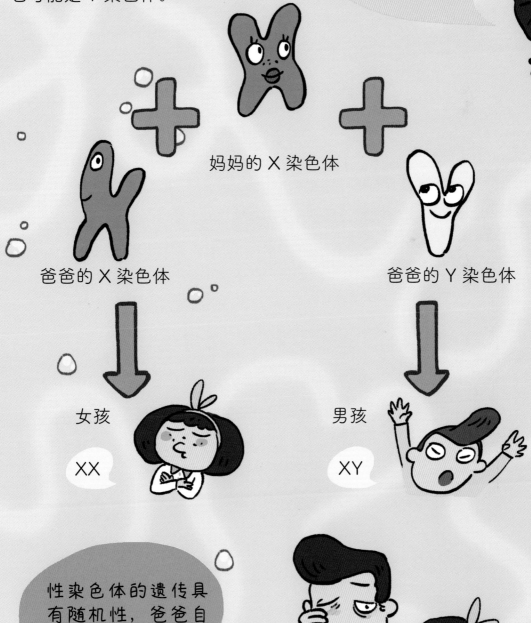

妈妈的 X 染色体

爸爸的 X 染色体

爸爸的 Y 染色体

女孩

XX

男孩

XY

性染色体的遗传具有随机性，爸爸自己也没办法控制。

来自祖辈的礼物

有时，我们的一些特征并不像爸爸妈妈，而是与爷爷奶奶、外公外婆相似。其实，这是祖辈送给我们的礼物。

全家只有我是卷发，我肯定不是妈妈亲生的……

傻孩子，看看你外婆，你们的头发多像呀！

性状与基因

在遗传学中，我们的身体特征和行为方式都属于性状。控制同一个性状的基因是成对存在的。

绿灯啦！

基因的显性和隐性

控制着我们某种性状的基因可以分为两种：一种是喜欢表现自己、争强好胜的显性基因；另一种是喜欢隐姓埋名、不争不抢的隐性基因。

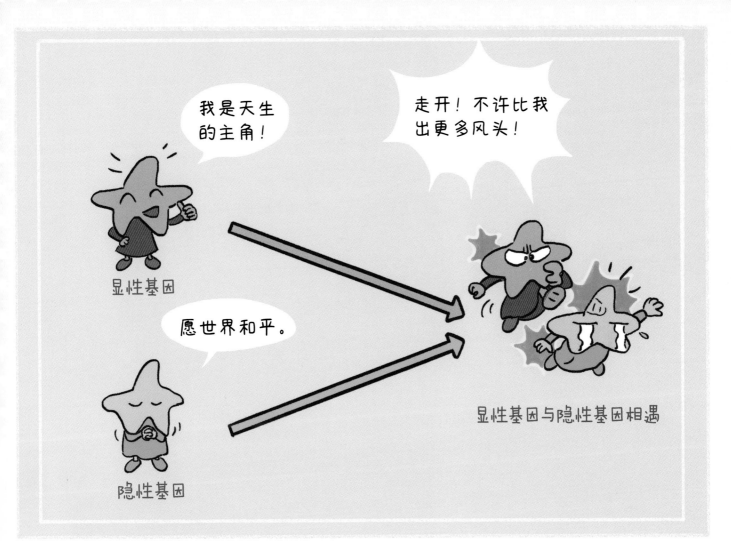

搭档结果大不同

两个显性基因或两个隐性基因搭档时，它们各自控制的性状会正常地表现出来。可是当显性基因和隐性基因搭档时，隐性基因所控制的性状就会默默隐藏。

让我们来看看，默默潜伏着的隐性基因是怎么熬过漫长岁月，重出江湖的吧！

隐性基因的"生存法则"

隐性基因虽然默不作声，但它们并不是消失了，只是在暗自等待时机。通常等到第三代，它们就有可能脱离显性基因，重新称霸江湖！

哼哼……

这种组合是随机的哟！

显性基因不在，我们终于重见天日了！

两个隐性基因

卷发的我

直发的妹妹

独一无二的你

我们已经知道孩子的基因一半来自爸爸，另一半来自妈妈，那为什么我们和兄弟姐妹长得不一样？

精母细胞

染色体的自由组合

生殖细胞中的染色体分为常染色体和性染色体，就像是一套复杂的乐谱。爸爸妈妈的生殖细胞相结合时，双方的常染色体会自由组合，如同两套乐谱的音符重新交换、排列，为我们编写出一套既有爸爸妈妈的遗传信息，但又全新、独特的乐谱。

卵母细胞

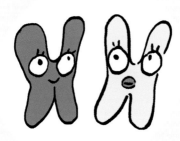

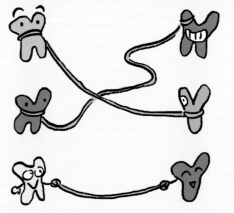

特殊的性染色体

决定我们性别的性染色体和其他染色体不一样，它只能与另一条性染色体结合！

精子

卵细胞

也不知道会遇到什么样的小伙伴。

受精卵

缘分让我们相遇！

虽然我和妹妹都是爸爸妈妈生的，可我还是独特的我，没有人和我一样！

知道了兄弟姐妹之间为什么不同，你可能要问：是不是双胞胎就会一模一样呢？

性别不同的"龙凤胎"一定是异卵双胞胎！

异卵双胞胎

有些双胞胎长得不那么像，尽管他们同时出生，但并不是由同一个受精卵发育而成的，因此爸爸妈妈传递给他们的基因并不相同。

精子　　　　卵细胞　　　　精子　　　　卵细胞

 受精卵　　　　 受精卵

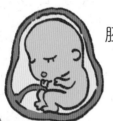 胚胎　　　　 胚胎

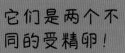 它们是两个不同的受精卵！

同卵双胞胎

有些双胞胎，我们可能很难看出他们的区别。他们之所以如此相像，是因为他们来自同一个受精卵。这个受精卵一分为二，形成了两个胚胎。因此，同卵双胞胎继承的是相同的基因。

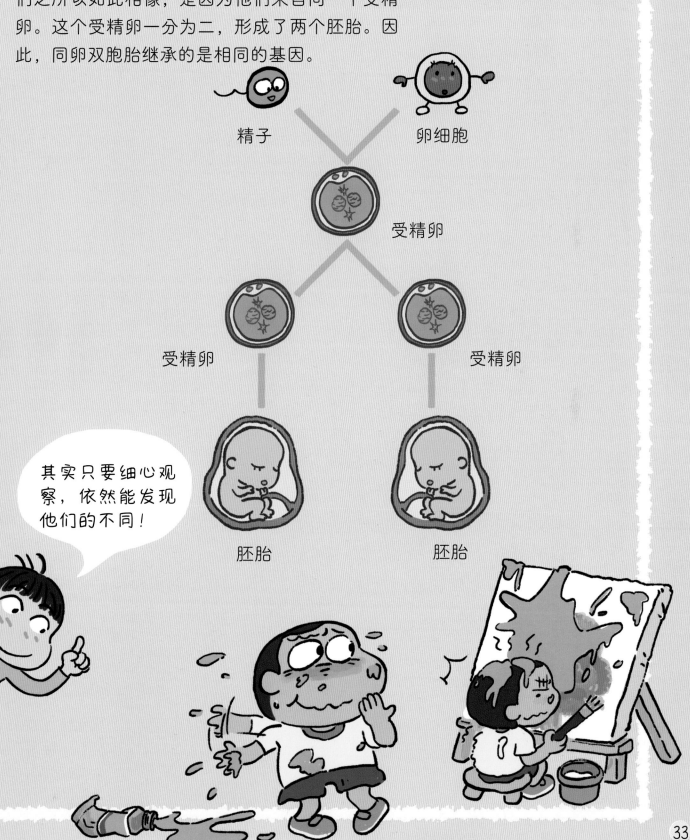

精子

卵细胞

受精卵

受精卵

受精卵

其实只要细心观察，依然能发现他们的不同！

胚胎

胚胎

基因大变身

我们跟父母、兄弟姐妹不同的原因，除了染色体的自由组合及隐性基因的隔代遗传，还有另一种可能——基因突变。

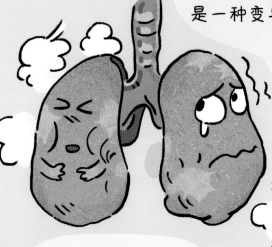

比如，吸烟可能会导致肺癌！癌细胞就是一种变异的细胞。

基因突变

我们的基因能发生许多突然的改变！基因突变可能源自外界的影响，也可能是自发的。

外因：物理因素、化学因素和生物因素。

内因：DNA 复制偶尔会发生错误，这样可能会导致基因突变。

阿——嚏！糟糕，复制出错了！

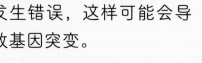

DNA 片段

基因重组

爸爸妈妈的基因在进行组合的时候，会产生多种可能性，这也是变异的来源之一。

染色体变异

除了基因变异，染色体数量和结构的变化也会影响我们的性状。

正常染色体

变异会遗传吗？

生殖细胞的遗传物质发生改变会遗传给后代；环境导致的变异如果发生在体细胞内，并不会遗传给后代。

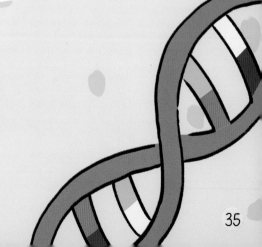

变异的影响

基因出现了变异，会对我们造成什么样的影响呢？

对于我们每个人

基因变异有可能对我们有利，也有可能对我们有害，还有可能对我们没有影响。

我怎么什么都感觉不到呢？

非洲佛得角岛民

和普通人相比，我们更不容易患上疟疾。

我们天生就更能适应高原的环境！

藏族人

常见的遗传病

有时，基因变异会导致我们患上遗传病。常见的遗传病有多指、软骨发育不全、白化病、血液性疾病、冠心病、哮喘病……

别说了，别说了！太可怕了！

可以说，没有变异就没有现在的我们。

对于全体人类

有利的变异会让群体生物更容易生存下来，并且这些变异能够遗传给下一代。我们人类就是通过遗传、变异和自然选择，不断演化的。

人类演化图

给基因的挑战书

基因可以决定这么多事情，难道我们只能完全听从基因的安排吗？

环境的影响

我们在讨论基因的时候，一定不能忽视环境的作用！任何人的成长都离不开物质环境和社会环境的影响。

基因和环境的相互作用

其实，基因和环境总是相互作用、相互影响的。怎样让它们配合得更好呢？在我们思考这个问题的时候，命运已经悄悄地掌握在了我们的手中。

我们有改变命运的巨大能力！

还记得龟兔赛跑的故事吗？后天的努力也很重要！

医学界也在和基因作"斗争"。现在已经出现了能够纠正或修补基因缺陷和异常，从根本上治疗疾病的新技术，这种技术就是基因治疗。

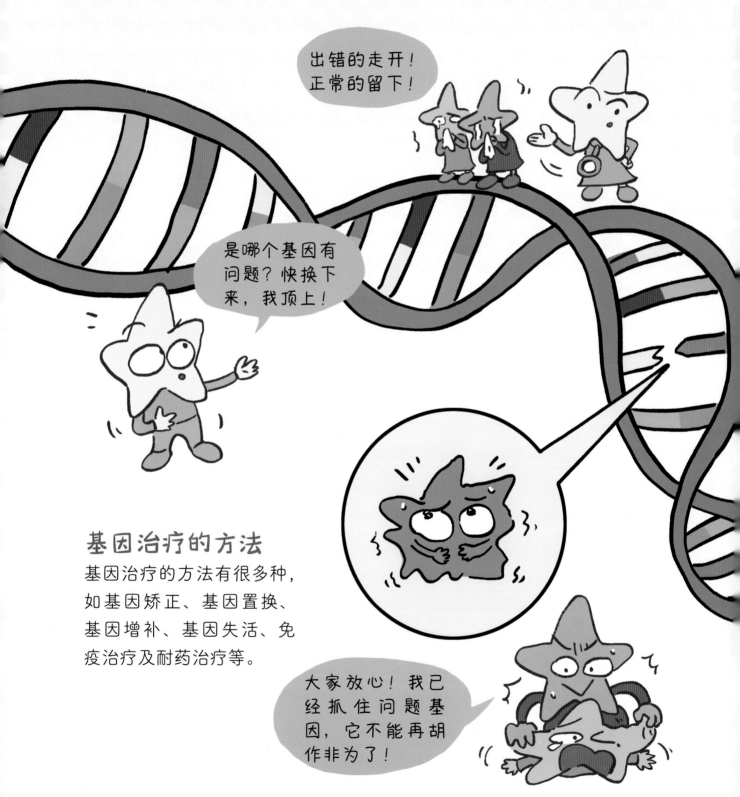

基因治疗的方法

基因治疗的方法有很多种，如基因矫正、基因置换、基因增补、基因失活、免疫治疗及耐药治疗等。

适用于哪些疾病？

基因治疗的适用领域非常广泛，
包括遗传性疾病、恶性肿瘤，
以及需要长效作用的疾病。

做最好的自己

掌握了这么多关于遗传的知识后，不知道你会不会产生这样的疑问：
我继承了怎样的基因？我是个什么样的人？我该怎么做？

有什么优势？

仔细挖掘一下，我们遗传了父母的哪些天分？怎样才能把我们的优势更好地发挥出来呢？

我喜欢数学呢，还是更喜欢唱歌呢？

我本来就跑得快，要是能好好训练，一定能跑得更快！

还没发现自己擅长什么？那就多多尝试！

有哪些不足？

你是否做事总是拖拖拉拉，经常注意力不集中？如果感到一些与生俱来的特质确实干扰了你的成长，那就好好想想如何避免、怎样改变，办法总比困难多！

有哪些特点？

你会不会因为自己跟别人有些不一样而苦恼呢？有时候，你的不同并不是一个"错误"，试着接纳独特的自己吧！

趣味游戏

读到这里，相信你已经知道了自己像谁，也掌握了"像与不像"的核心奥秘。试想一下，如果你还想要一个弟弟或妹妹，他或她会长成什么样子呢？

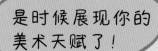

是时候展现你的美术天赋了！

1. 画出全家福
你的家庭中有哪些人？把他们都画出来吧！

2. 选择和拼贴

在家人的五官和头发中选择出你想要的样子，然后参照它们绘制出
你想象中的弟弟妹妹吧！

图书在版编目（CIP）数据

奇妙的遗传：趣味生物学大揭秘. 你最像谁？ / 红红罗卜著、绘. –– 北京：电子工业出版社, 2024.6
ISBN 978-7-121-47877-2

Ⅰ . ①奇… Ⅱ . ①红… Ⅲ . ①遗传学－少儿读物 Ⅳ . ① Q3-49

中国国家版本馆CIP数据核字(2024)第101001号

责任编辑：刘香玉　文字编辑：杨雨佳
印　　刷：北京利丰雅高长城印刷有限公司
装　　订：北京利丰雅高长城印刷有限公司
出版发行：电子工业出版社
　　　　　北京市海淀区万寿路 173 信箱　邮编：100036
开　　本：889×1194　1/16　印张：9　字数：151.5 千字
版　　次：2024 年 6 月第 1 版
印　　次：2024 年 6 月第 1 次印刷
定　　价：138.00 元 (全 3 册)

凡所购买电子工业出版社图书有缺损问题，请向购买书店调换。若书店售缺，请与本社发行部联系，
联系及邮购电话：(010) 88254888 或 88258888。
质量投诉请发邮件至 zlts@phei.com.cn，盗版侵权举报请发邮件至 dbqq@phei.com.cn。
本书咨询联系方式：(010) 88254161 转 1826, lxy@phei.com.cn。